EXPOSÉ

DE QUELQUES CIRCONSTANCES

QUI ONT PRÉCÉDÉ ET SUIVI

L'INOCULATION DU CLAVEAU

SUR LE TROUPEAU

DE LA FERME ROYALE

DE RAMBOUILLET.

Par J. H. JOUET, ex-vétérinaire de cet établissement,

Vétérinaire de l'arrondissement de Rambouillet.

Que les pratiques telles que l'Inoculation soient arbitrairement blâmées, calomniées par ceux-là même chargés de les appliquer, c'est ce qui fait le plus de mal, c'est ce que nous avons vu, c'est ce qui passe toute croyance.

Hurtrel d'Arboval. *Traité de la Clavelée*,
p. 17.

A RAMBOUILLET,

De l'Imprimerie de LEROUX-FAGUET, Libraire,
rue Royale.

1823.

EXPOSÉ

DE QUELQUES CIRCONSTANCES

QUI ONT PRÉCÉDÉ ET SUIVI

L'INOCULATION DU CLAVEAU

SUR LE TROUPEAU

DE LA FERME ROYALE DE RAMBOUILLET.

On recherche, depuis long-temps, les causes du peu de progrès que fait la Médecine Vétérinaire, de la lenteur qu'elle met à prendre une détermination fixe, et à s'élancer dans l'arène, à l'exemple de toutes les autres sciences médicales. Les uns, et c'est un petit nombre de bons esprits, attribuent cet état de stagnation à une manière vicieuse d'envisager la science, à l'éloignement où on la tient, à dessein, de la médecine humaine; d'autres, *quæ maxima turba est* (1), trouvent plus commode de ne point s'en inquiéter, des hommes enfin, dépourvus d'une véritable instruction, qui ne peuvent fonder leur réputation, qu'en abaissant, en dépréciant

____

(1) Le Parfait Maréchal. Solleysel, p. 3, édit. 1674.

les autres, vont partout s'écriant que les Vétérinaires, une fois hors des écoles, ne travaillent
plus à la science, ne s'occupent plus que d'une
pratique qui devient bientôt routinière, et ne
tardent pas à retomber au rang des Maréchaux
et des Empiriques avec lesquels ces hommes in-
justes affectent de les confondre.

Cette raison, concluante au premier abord,
devient bientôt une arme qui peut être, entre les
mains des victimes, un instrument de défense
contre leurs oppresseurs.

Quel est le Vétérinaire qui, sortant des bancs
des écoles, encore tout plein des leçons de ses
maîtres, mu par une noble émulation, n'a pas
cherché à payer son tribut de reconnaissance à
la science dont il est un des enfans, dont il doit
désormais se considérer comme l'un des sou-
tiens? Et que sont devenus tous ces travaux ?
Est-ce par des médailles qu'on peut consoler des
auteurs de la perte de leurs manuscrits enfouis
désormais dans les cartons de telle ou telle
société dont ils sont devenus la propriété par-
ticulière, sans qu'il leur soit permis d'en dis-
poser, sans que le rapporteur, chargé chaque
année d'en faire l'examen, daigne à peine donner une idée succincte, même des meilleurs
d'entre eux? Quel bien peut-il en résulter pour
la Médecine Vétérinaire? Quel avantage y a-t-il
à savoir que M. tel a obtenu une médaille d'or
ou d'argent, a été nommé correspondant pour

telles ou telles observations, sans qu'on sache jamais quelles opinions il a émises; et n'est-il pas décourageant pour un Vétérinaire à qui l'estime publique est de quelque prix, de voir ainsi retomber dans l'oubli des découvertes dont ceux qui se les sont appropriées profitent par la suite, ou qu'ils sont incapables d'apprécier.

Ce n'est pas tout encore : il ne suffit pas que les ouvrages des Vétérinaires soient ainsi condamnés à ne jamais voir le jour, il ne suffit pas qu'on leur ait donné cette réputation de paresse et d'apathie, qu'on les ait fait passer tous pour des gens incapables, à l'exception de quelques privilégiés qui ne méritent cette faveur humiliante qu'à force de bassesses; il faut encore que l'on emploie les moyens les plus condamnables pour nuire au peu de réputation, que, malgré les obstacles, leurs talens et leur conduite parviennent quelquefois à leur acquérir; il faut qu'on les prive des honoraires qui leur sont légitimement dus.

Tous mes confrères gémissent comme moi de cette servitude; tous, accablés sous le poids de ce système calomniateur, mais épouvantés du crédit et de la réputation de ceux qui cherchent à les avilir, n'ont point osé encore élever la voix.

La faiblesse de mes moyens m'engageait comme eux à garder le silence; mais lésé dans mes intérêts, blessé dans ma réputation, humilié par une destitution injuste, et bien plus encore par le choix que l'on a fait d'un maréchal pour me succéder , je n'ai pas dû consulter mes forces, mais bien la justice de ma cause. Un simple exposé des faits suffira pour prouver que l'on a voulu me compromettre ainsi que M. Bourgeois. Nous avons résisté et réussi : il fallait nous punir d'un succès auquel on s'était opposé, on y est parvenu; mais de manière à laisser deviner les motifs d'une opiniâtreté assez mal calculée.

Dans le commencement du mois de novembre 1820, le troupeau de la ferme royale de Rambouillet fut subitement atteint de la clavelée : consulté par M. Bourgeois, alors directeur de ce précieux établissement, je n'hésitai point à lui proposer de faire pratiquer immédiatement l'inoculation ; il partagea mon opinion sur les avantages qui devaient en résulter, et écrivit de suite à M. Dandré, Intendant des domaines du Roi, pour obtenir l'autorisation d'y procéder le plus promptement possible. La lettre fut communiquée à M. Huzard, inspecteur général des écoles Royales Vétérinaires de France, qui, par une raison difficile à concevoir, prononça que cette opération était inutile (1), jugea sa présence indispensable à Rambouillet, et y arriva, en effet, le 17 novembre, jour

---

(1) Lettre de M. Dandré a M. Bourgeois, du 15 novembre.

où tout avait été préparé pour commencer la clavélisation.

Après avoir visité avec lui, le lendemain, tous les animaux sains et malades, et lui avoir fait les observations que je jugeai propres à le ranger à mon avis, j'obtins pour unique réponse, qu'il me dispensait de toute espèce de discussion et de citations à cet égard, que le troupeau du Roi ne serait pas inoculé, parce qu'il *ne le voulait pas*; qu'il suffisait de visiter souvent et soigneusement les animaux sains et malades, et que le seul traitement consistait à les isoler, et à *mettre des bâtons de soufre dans l'eau qu'on leur donnait à boire!*

Malgré toutes mes réclamations (1) et celles de M. Bourgeois, M. l'Intendant des domaines s'en tint à cette décision, et l'inoculation ne fut pas pratiquée.

Le nombre des malades augmentait, une grande partie succombait, la perte était déjà considérable. On se contentait, puisqu'il en avait été ordonné ainsi, de tenir note exacte de l'état de chaque bête affectée, et de les soumettre à un traitement méthodique : rien n'arrêtait les progrès de la maladie. M. Huzard qui aurait dû prévoir ce résultat, faisait entendre qu'il y avait de notre faute, critiquait le traitement mis en usage; mais avait soin en

____

(1) Lettre de moi à M. Dandré, du 10 novembre.

même temps de ne rien proposer, pour pouvoir,
jusqu'à la fin , donner un libre cours à ses in-
justes accusations. Je répondis comme je devais
à M. l'Intendant, en combattant, avec avantage,
la critique déplacée que M. Huzard s'était per-
mise sur ma manière d'agir (1). J'insistai sur-
tout, pour qu'on lui demandât par écrit le traitement qu'il fallait suivre, et six jours après, je
reçus de M. Huzard lui-même, une lettre dont
j'extrais littéralement la fin.

Paris le 4 décembre 1820.

« Vous vous moqueriez de moi, M., ou plutôt
» vous diriez que je me moque de vous, si je
» vous prescrivais un traitement qui se trouve
» partout, et qui comporte bien plus de soins
» de là part de l'*Économe* que de la part du
» Vétérinaire. Vous le savez aussi bien que moi,
» on ne requiert pas les soins des Vétérinaires
» dans le plus grand nombre de ces cas. Quant
» aux accidens imprévus qui sont d'ailleurs *fort*
» *rares,* avec des soins bien entendus , *vous*
» *n'imaginez pas qu'il faille vous prescrire à*
» *l'avance, et par forme de divination, ce qu'il*

-----

(1) Lettre de moi à **M.** Dandré, du 28 novembre.
J'avais déjà alors le pressentiment de ce qui devait arriver
par la suite, puisque, dans un passage de cette lettre, je
m'exprime ainsi : « Déjà je prévois qu'en cas d'événement
» **M.** Huzard voudrait me faire porter le fardeau dont il
» s'est chargé, en s'opposant à l'inoculation , etc. »

» *faut faire*; et si nous avions moins de
» confiance en vous, j'aurais envoyé à Ram-
» bouillet un ou deux élèves de l'école d'Alfort
» pour suivre le troupeau, ainsi que m'y avait
» invité M. l'Intendant des domaines, si je le
» croyais nécessaire ».

» *Des considérations qu'il est inutile de vous*
» *faire connaître, n'ont pas dû permettre à M.*
» *Tessier et à moi, de conseiller de faire inoculer*
» *le troupeau du Roi; mais nous sommes tous*
» *deux convaincus que vous êtes trop raisonna-*
» *ble, pour ne pas avoir fait abnégation de votre*
» *opinion, à cet égard, quelque fondée qu'elle*
» *vous paraisse,* et nous vous le répétons, nous
» sommes persuadés que vous ferez tout ce qui
» sera en vous pour justifier notre confiance et
» celle de M. l'Intendant ».

J'ai l'honneur etc.

Signé HUZARD. (1)

Quelles étaient donc ces considérations par-
ticulières? Elles n'avaient, sans doute, point
rapport à moi, puisqu'on me faisait l'honneur
de m'en avertir. Étaient-elles relatives à M.
Bourgeois, ainsi que semble l'indiquer le mot
Économe, placé comme à dessein dans le passage de la lettre que nous venons de citer? La
récompense qu'obtint M. Bourgeois quelques

____

(1) Répondu à M. Huzard le 6 décembre,

mois plus tard, nous a depuis facilité la solution de cette question. Quant à moi, *trop peu raisonnable pour ne pas faire abnégation de mon opinion*, j'ai dû nécessairement partager son sort ; mais n'anticipons point et revenons à nos moutons.

Le troupeau était dans l'état le plus déplorable, tout annonçait sa destruction entière et prochaine. Nous fîmes, de concert avec M. Bourgeois, un dernier effort, et nous envoyâmes(1) à l'appui de nos pressantes sollicitations, la copie d'une lettre d'un propriétaire dont le troupeau, attaqué en même temps que celui de la ferme Royale, était entièrement guéri par suite de l'inoculation que j'avais pratiquée.

On ne pouvait plus résister, il fallait ou laisser périr le troupeau, en acceptant la responsabilité de cet événement irréparable, ou permettre que l'on pratiquât l'inoculation. M. Huzard fit donc répondre (2) que l'opération était inutile ; mais que la maladie étant à sa troisième période, il n'y avait pas d'inconvénient à inoculer : cette

---

(1) Lettre du 3 janvier 1821, de M. Bourgeois à M. Huzard.

(2) Je dis que M. Huzard *fit répondre*, parce que, dans chacune de ses lettres, M. Dandré s'exprime ainsi : M. Huzard pense..... M. Huzard recommande..... M. Huzard ne croit pas devoir, etc. C'est donc véritablement M. Huzard qui répond.

permission ne fut cependant accordée, pour l'un des troupeaux (1), que sous la condition expresse que M. Bourgeois prendrait sous sa responsabilité tous les événemens que pourrait entraîner l'inoculation. Fort de mes conseils, plein du désir d'arracher à une perte inévitable un troupeau si précieux, M. Bourgeois consentit à tout, à ses risques et périls, et l'inoculation, pratiquée le 9 janvier pour la première fois, fut suivie du plus heureux succès. 551 bêtes furent inoculées et guéries, à l'exception de celles chez qui le claveau naturel se développa immédiatement après l'opération, tandis que sur 149 affectées du claveau naturel, et malgré les soins les plus assidus, on en avait perdu 48 (2). Un résultat si heureux, une réponse aussi victorieuse aux argumens et aux hésitations d'une administration mal conseillée, donnait quelques droits à sa reconnaissance. Nous fûmes quelque

---

(1) Lettres de M. Dandré à M. Bourgeois, du 7 janvier et du 10 février.

Dans la première de ces deux lettres, après avoir dit qu'il n'y avait pas d'*inconvénient* à inoculer, M. Dandré recommande à M. Bourgeois de n'envoyer de rapports sur la maladie du troupeau à aucune société et à aucun particulier. On craignait donc déjà que les obstacles que l'on avait mis à la clavélisation ne devinssent publics.

(2) Il n'est pas inutile de faire remarquer que, dans la seconde troupe, dite de la Pommeraie, où l'inoculation fut pratiquée dès l'invasion de la maladie, pas une des bêtes inoculées ne succomba.

temps sans en ressentir les effets ; mais nous ne perdîmes rien pour attendre. Le 15 août suivant, immédiatement après la vente annuelle dont le produit avait surpassé ou *trompé* toutes les espérances, M. Bourgeois reçut une lettre qui, dans les termes les plus polis, lui annonçait sa destitution d'une place occupée par sa famille, de père en fils, depuis la création de l'établissement.

J'avais partagé les opinions de M. Bourgeois, il avait soutenu les miennes ; il partait, je ne devais pas m'attendre à rester. Quelques mois après qu'il eut quitté la ferme, une maladie grave attaqua le troupeau de vaches que j'avais été chargé de choisir peu de temps auparavant. On me rendit responsable de la mort de trois d'entre elles, en feignant d'oublier que j'en avais guéri sept. Le nouveau directeur m'écrivit, de la part de M. l'Intendant, de ne plus retourner à la ferme pour y traiter les animaux, et le lendemain, M. Huzard fils arriva, et il eut la peine de guérir des bêtes qui n'étaient plus malades !!!

Ce n'était pas assez de me faire perdre ma place, il fallait encore qu'on me refusât les honoraires qui m'étaient dûs. Mon mémoire présenté à M. l'Intendant des domaines, soumis par conséquent, à l'approbation de M. Huzard, fut, par celui-ci, de concert avec M. Tessier, réduit impitoyablement d'environ 1400 francs.

à 741 francs, sans que ces messieurs se don-
nassent la peine de motiver en rien une aussi
énorme réduction (1). Ils croyaient, sans doute,
que je devais encore faire *abnégation de mon
opinion*; mais comme elle me paraissait on ne
peut pas plus fondée, et que je ne regardais
point mes soins comme une marchandise que
l'on pût taxer, je réclamai vivement; je fis
observer que cet arbitrage s'était fait sans mon
consentement; que la conduite et les opinions
de M. Huzard, dans cette circonstance, le cons-
tituaient à la fois juge et partie; et que d'ailleurs, n'en eût-il pas été ainsi, je ne devais point
m'en rapporter à un jugement aussi tranchant
et aussi peu motivé. Sur ma demande, toutes
les pièces furent renvoyées à MM. les Professeurs Vétérinaires de l'École Royale d'Alfort,
avec prière de donner leur avis. Ici des passions
n'étaient plus en présence; toutes les pièces
furent impartialement examinées, et malgré les
notes bienveillantes qu'on avait eu soin de faire
joindre au mémoire, il fut décidé qu'on me
devait, non pas 741 francs, mais bien 1582 francs,
somme qui, après de longs délais, m'a été enfin
payée.

---

(1) Cette réduction doit en effet paraitre énorme, si l'on
réfléchit que j'ai été occupé presque exclusivement pendant
cinq mois, que j'ai inoculé près de six cents animaux, et
que tous les jours j'étais tenu de donner un bulletin sani-
taire pour chacune des bêtes.

Il ne m'appartient pas, peut-être, de recher-
cher les motifs de la manière d'agir de M. Huzard dans cette affaire. On ne saurait, toutefois, et sans partialité, s'empêcher d'y voir, ou
de la mauvaise foi, ou de l'ignorance, au moins
sous ce rapport.

De la mauvaise foi, nous sommes loin de
le penser ; cependant, cet entêtement à se
refuser à l'inoculation, cette manière de la permettre en la déclarant inutile, et en n'y con-
sentant, toutefois, qu'aux risques et périls de
M. Bourgeois, la lettre que nous avons trans-
crite, la destitution de M. Bourgeois et la
mienne, la partialité avec laquelle mon mémoire avait été sabré, seraient de puissantes rai-
sons de penser ainsi, si le caractère de M. l'Inspecteur des Écoles Vétérinaires n'était suffisam-
ment connu.

De l'ignorance, nous n'osons le croire ; a-t-on
jamais vu cependant recommander de mettre
des bâtons de soufre dans l'eau qui ne peut
en dissoudre un atome, et n'est-il pas permis
de tout croire d'un Vétérinaire qui fait de sem-
blables prescriptions.

Nous faisons, au reste, *abnégation de notre
opinion* à cet égard, comme à tant d'autres,
et nous laissons au public le soin de résoudre
cette question ; les conclusions motivées du rapport de MM. les Professeurs sur mon mémoire,
conclusions que l'on n'a pas daigné me communiquer, pourraient aider, au besoin, à sortir
d'embarras.

(15)

J'aurais gardé le silence sur cette affaire, si je n'avais pensé être utile à mes confrères en leur faisant connaître l'inconvénient qu'il y a, vis-à-vis de certains hommes, d'avoir une opinion à soi. Je m'abstiens, au reste, de toute réflexion ; après ce qu'ils viennent de lire, ils auront déjà fait eux-mêmes celles que je pourrais leur soumettre.

On trouvera peut-être que j'ai gardé rancune pendant long-temps avant d'éclater ; mais je n'étais point encore payé, je devais naturellement craindre de ne pas l'être, et l'on aurait pu attribuer à un esprit de vengeance et d'animosité, ce qui ne m'est inspiré que par le désir de justifier ma conduite, et de signaler quelques-uns des obstacles à l'avancement de la Médecine Vétérinaire.

J'ai omis, au reste, bien des circonstances qui pourraient faire juger du degré de bonne foi que l'on a apporté dans les conseils donnés à M. l'Intendant. Je n'ai pas dit que, voyant avec regret les heureux résultats de l'inoculation, et ne voulant pas se tenir pour battu, on avait insinué à l'autorité, que plus tard, les animaux pourraient communiquer la maladie, et qu'il fallait faire laver les laines à dos (1) : je n'ai pas dit que ce moyen, qui devait évidemment nuire à la vente, n'avait point réussi, parce que M. Bourgeois s'y était opposé, et avait de

____

(1) Lettre de M. Dandré à M. Bourgeois, du 12 mai 1821.

nouveau répondu de tout événement (2). Je tiens toutes ces observations en réserve, elles pourront m'être utiles, s'il se rencontrait quelqu'un qui doutât de ma véracité.

Les personnes que ce fidèle exposé pourrait contrarier, vont crier sans doute à l'ingratitude et à la calomnie; mais des mots ne répondent point à des faits : j'ai en main les preuves de ceux que j'articule, et je porte le défi le plus formel à qui que ce soit de les nier publiquement.

____

(1) Lettres de M. Bourgeois à M. Dandré, des 10 et 13 mai; et de M. Dandré à M. Bourgeois, du [illegible]

RAMBOUILLET, le premier Janvier 1823.